湖山艺丛

美育与人生

蔡元培 著

浙江人民美术出版社

目 录

1 **以美育代宗教说**
 ——在北京神州学会演说词

11 **文化运动不要忘了美育**

17 **美术与科学的关系**

25 **美育实施的方法**

37 **学校是为研究学术而设**
 ——在西湖国立艺术院开学式演说词

47 **美 育**

57 **以美育代宗教**

63 **与《时代画报》记者谈话**

69 **美育与人生**

75 **美育代宗教**

- 85 孔子之精神生活
- 91 在香港圣约翰大礼堂美术展览会演说词
- 95 假如我的年纪回到二十岁
- 99 附　录
  - 101 北大画法研究会旨趣书
  - 103 国立美术学校成立及开学式演说词
  - 105 北大画法研究会休业式演说词
  - 107 在北大画法研究会演说词
  - 110 在北大音乐研究会演说词
  - 112 为北大乐理研究会所拟章程
  - 114 《音乐杂志》发刊词

蔡元培先生

以美育代宗教说
——在北京神州学会演说词

兄弟于学问界未曾为系统的研究，在学会中本无可以表示之意见。唯既承学会诸君子责以讲演，则以无可如何中，择一于我国有研究价值之问题为到会诸君一言，即"以美育代宗教"之说是也。

　　夫宗教之为物，在彼欧西各国已为过去问题。盖宗教之内容，现皆经学者以科学的研究解决之矣。吾人游历欧洲，虽见教堂棋布，一般人民亦多入堂礼拜，此则一种历史上之习惯。譬如前清时代之袍褂，在民国本不适用，然因其存积甚多，毁之可惜，则定为乙种礼服而沿用之，未尝不可。又如祝寿、会葬之仪，在学理上了无价值，然戚友中既以请帖、讣闻相招，势不能不循例参加，借通情愫。欧人之沿袭宗教仪式，亦犹是耳。所可怪者，我中国既无欧人此种特别之习惯，乃以彼邦过去之事实作为新知，竟有多人提出讨论。此则由于留学外国之学生，见彼国社会之进化，而误听教士之言，一切归功于宗教，遂欲以基督教劝导国人。而一部分之沿袭旧思想者，则承前说而稍变之，以孔子为我国之基督，遂欲组织孔教，奔走呼号，视为今日重要问题。

自兄弟观之，宗教之原始，不外因吾人精神作用而构成。吾人精神上之作用，普通分为三种：一曰知识，二曰意志，三曰感情。最早之宗教，常兼此三作用而有之。盖以吾人当未开化时代，脑力简单，视吾人一身与世界万物，均为一种不可思议之事。生自何来？死将何往？创造之者何人？管理之者何术？凡此种种，皆当时之人所提出之问题，以求解答者也。于是有宗教家勉强解答之。如基督教推本于上帝，印度旧教则归之梵天，我国神话则归之盘古。其他各种现象，亦皆以神道为唯一之理由。此知识作用之附丽于宗教者也。且吾人生而有生存之欲望，由此欲望而发生一种利己之心。其初以为非损人不能利己，故恃强凌弱、掠夺攫取之事，所在多有。其后经验稍多，知利人之不可少，于是有宗教家促倡利他主义。此意志作用之附丽于宗教者也。又如跳舞、唱歌，虽野蛮人亦皆乐此不疲，而对于居室、雕刻、图画等事，虽石器时代之遗迹，皆足以考见其爱美之思想。此皆人情之常，而宗教家利用之以为诱人信仰之方法。于是未开化人之美术，无一不与宗教相关联。此又情感作用之附丽于宗教者也。天演之例，由浑而昼。当时精神作用至为混沌，遂结合而为宗教。又并无他种学术与之对，故宗教在社会上遂具有特别之势力焉。

迨后社会文化日渐进步，科学发达，学者遂举古人所谓不可思议者，皆一一解释之以科学。日星之现象，地球之缘起，动植物之分布，人种之差别，皆得以理化、博物、人种、古物诸科学证明之。而宗教家所谓吾人为上帝所创造者，从生物进化论观之，吾人最初之始祖，实为一种极小之动物，后始日渐进化为人耳。此知识作用离宗教而独立之证也。宗教家对于人群之规则，以为神之所定，可以永远不变。然希腊诡辩家，因巡游各地之故，知各民族之所谓道德，往往互相抵触，已怀疑于一成不变之原则。近世学者据生理学、心理学、社会学之公例，以应用于伦理，则知具体之道德不能不随时随地而变迁。而道德之原理则可由种种不同之具体者而归纳以得之。而宗教家之演绎法，全不适用。此意志作用离宗教而独立之证也。

知识、意志两作用，既皆脱离宗教以外，于是宗教所最有密切关系者，唯有情感作用，即所谓美感。凡宗教之建筑，多择山水最胜之处，吾国人所谓天下名山僧占多，即其例也。其间恒有古木名花，传播于诗人之笔，是皆利用自然之美以感人者。其建筑也，恒有峻秀之塔，崇闳幽邃之殿堂，饰以精致之造像，瑰丽之壁画，构成黯淡之光线，佐以微妙之音乐。赞美者必有著名之歌词，演说者必有雄辩之素养，凡此种种，皆为美术作用，故能引人入胜。苟举以上种种设施而屏弃之，恐无能为役矣。然而美术之进化史，实亦有脱离宗教之趋势。例如吾国南北朝著名之建筑，则伽蓝耳，其雕刻则造像耳，图画则佛像及地狱变相之属为多。文学之一部分，亦与佛教为缘。而唐以后诗文，遂多以风景人情世事为对象。宋元以后之图画，多写山水花鸟等自然之美。周以前之鼎彝，皆用诸祭祀。汉唐之吉金，宋元以来之名瓷，则专供把玩。野蛮时代之跳舞，专以娱神，而今则以之自娱。欧洲中古时代留遗之建筑，其最著者率为教堂。其雕刻图画之资料，多取诸新旧约；其音乐，则附丽于赞美歌；其演剧，亦排演耶稣故事，与我国旧剧《目莲救母》相类。及文艺复兴以后，各种美术渐离宗教而尚人文。至于今日，宏丽之建筑多为学校、剧院、博物院。而新设之教堂，有美学上价值者，几无可指数。其他美术，亦多取资于自然现象及社会状态。于是以美育论，已有与宗教分合之两派。以此两派相较，美育之附丽于宗教者，常受宗教之累，失其陶养之作用，而转以激刺感情。盖无论何等宗教，无不有扩张己教、攻击异教之条件。回教之穆罕默德，左手持《可兰经》，而右手持剑，不从其教者杀之。基督教与回教冲突，而有十字军之战，几及百年。基督教中又有新旧教之战，亦亘数十年之久。至佛教之圆通，非他教所能及。而学佛者苟有拘牵教义之成见，则崇拜舍利受持经忏之陋习，虽通人亦肯为之。甚至为护法起见，不惜于共和时代，附和帝制。宗教之为累，一至于此，皆激刺感情之作用为之也。

鉴激刺感情之弊，而专尚陶养感情之术，则莫如舍宗教而易以纯粹之美育。纯粹之美育，所以陶养吾人之感情，使有高尚纯洁之习惯，而使人我之见、利己损人之思念，以渐消沮者也。盖以美为普遍性，决无人我差别之见能参入其中。食物之入我口者，不能兼果他人之腹；衣服之在我身者，不能兼供他人之温，以其非普遍性也。美则不然。即如北京左近之西山，我游之，人亦游之；我无损于人，人亦无损于我也。隔千里兮共明月，我与人均不得而私之。中央公园之花石，农事试验场之水木，人人得而赏之。埃及之金字塔，希腊之神祠，罗马之剧场，瞻望赏叹者若干人，且历若干年，而价值如故。各国之博物院，无不公开者，即私人收藏之珍品，亦时供同志之赏览。各地方之音乐会、演剧场，均以容多数人为快。所谓独乐乐不如与人乐乐，与寡乐乐不如与众乐乐，以齐宣王之惛，尚能承认之。美之为普遍性可知矣。且美之批评，虽间亦因人而异，然不曰是于我为美，而曰是为美，是亦以普遍性为标准之一证也。

美以普遍性之故，不复有人我之关系，遂亦不能有利害之关系。马牛，人之所利用者，而戴嵩所画之牛，韩幹所画之马，决无对之而作服乘之想者。狮虎，人之所畏也，而卢沟桥之石狮，神虎桥之石虎，决无对之而生搏噬之恐者。植物之花，所以成实也，而吾人赏花，决非作果实可食之想。善歌之鸟，恒非食品。灿烂之蛇，多含毒液。而以审美之观念对之，其价值自若。美色，人之所好也，对希腊之裸像，决不敢作龙阳之想。对拉飞尔若鲁滨司之裸体画，决不敢有周昉《秘戏图》之想。盖美之超绝实际也如是。且于普通之美以外，就特别之美而观察之，则其义益显。例如崇闳之美，有至大、至刚两种。至大者如吾人在大海中，唯见天水相连、茫无涯涘。又如夜中仰数恒星，知一星为一世界，而不能得其止境，顿觉吾身之小虽微尘不足以喻，而不知何者为所有。其至刚者，如疾风震霆，覆舟倾屋，洪水横流，火山喷薄，虽拔山盖世之气力，亦无所施，而不知何者为好胜。夫所谓大也、刚也，皆对待之名也。今既自以为无大之可言，无刚之可恃，则且忽然超出乎对待之境，而与前所谓至大至刚者脗合而为一体，其愉快遂无限量。当斯时也，又岂尚有利害得丧之见能参入其间耶！其他美育中，如悲剧之美，以其能破除吾人贪恋幸福之思想。《小雅》之怨悱，屈子之离忧，均能特别感人。《西厢记》若终于崔、张团圆，则平淡无奇；唯如原本之终于草桥一梦，始足发人深省。《石头记》若如《红楼后梦》等，必使宝、黛成婚，则此书可以不作；原本之所以动人者，正以宝、黛之结果一死一亡，与吾人之所谓幸福全然相反也。又如滑稽之美，以不与事实相应为条件。如人物之状态，各部分互有比例。而滑稽画中之人物，则故使一部分特别长大或特别短小。作诗则故为不谐之声调，用字则取资于同音异义者。方朔割肉以遗细君,不自责而反自夸。优旃谏漆城,不言其无益,而反谓漆城荡荡,寇来不得上,皆与实际不相容,故令人失笑耳。要之美学之中,其大别为都丽之美,崇闳之美(日本人译言优美、壮美)。而附丽于崇闳之悲剧,附丽于都丽之滑稽,皆足以破人我之见,去利害得失之计较,则其所以陶养性灵,使之日进于高尚者,固已足矣。又何取乎侈言阴骘、攻击异派之宗教,以激刺人心,而使之渐丧其纯粹之美感为耶。

(刊于1917年《新青年》)

文化运动不要忘了美育

现在文化运动，已经由欧美各国传到中国了。解放呵！创造呵！新思潮呵！新生活呵！在各种周报、日报上，已经数见不鲜了。但文化不是简单，是复杂的；运动不是空谈，是要实行的。要透澈复杂的真相，应研究科学；要鼓励实行的兴会，应利用美术。科学的教育，在中国可算有萌芽了；美术的教育，除了小学校中机械性的音乐、图画以外，简截可说是没有。

不是用美术的教育提起一种超越利害的兴趣，融合一种划分人我的僻见，保持一种永久平和的心境；单单凭那个性的冲动、环境的刺激，投入文化运动的潮流，恐不免有下列三种的流弊：（一）看得很明白，责备他人也很周密，但是到了自己实行的机会，给小小的利害绊住，不能不牺牲主义。（二）借了很好的主义作护身符，放纵卑劣的欲望；到劣迹败露了，叫反对党把他的污点影射到神圣主义上，增了发展的阻力。（三）想用简单的方法、短少的时间，达到他的极端的主义，经了几次挫折，就觉得没有希望，发起厌世观，甚且自杀。这三种流弊，不是渐渐发见了么？一般自号觉醒的人，还能不注意么？

　　文化进步的国民，既然实施科学教育，尤要普及美术教育。专门练习的，既有美术学校、音乐学校、美术工艺学校、优伶学校等，大学校又设有文学、美学、美术史、乐理等讲座与研究所。普及社会的有公开的美术馆或博物院，中间陈列品或由私人捐赠，或用公款购置，都是非常珍贵的。有临时的展览会，有音乐会，有国立或公立的剧院，或演歌舞剧，或演科白剧，都是由著名的文学家、音乐家编制的。演剧的人多是受过专门教育，有理想、有责任心的。市中大道，不但分行植树，并且间以花畦，逐次移植应时的花。几条大道的交叉点，必设广场，有大树，有喷泉，有花坛，有雕刻品。小的市镇总有一个公园；大都会的公园，不止一处。又保存自然的林木，加以点缀，作为最自由的公园。一切公私的建筑，陈列器具，书肆与画肆的印刷品，各方面的广告，都是从美术家的意匠构成。所以不论哪一种人，都时时刻刻有接触美术的机会。我们现在，除文字界稍微有点新机外，别的还有什么？

书画是我们的国粹，都是模仿古人的。古人的书画，是有钱的收藏了，作为奢侈品，不是给人人共见的。建筑雕刻，没有人研究。在嚣杂的剧院中，演那简单的音乐，卑鄙的戏曲。在市街上散步，只见飞扬的尘土，横冲直撞的车马，商铺门上贴着无聊的春联，地摊上出售那恶俗的花纸。在这种环境中讨生活，怎么能引起活泼高尚的感情呢？所以我很望致力文化运动的诸君，不要忘了美育。

(刊于1919年《晨报副镌》)

ованих
美术与科学的关系

诸君都是在专门学校肄业的，所学的都是专门的科学，而我所最喜欢研究的，却是美术，所以与诸君讲：美术与科学的关系。

我们的心理上，可以分三方面看：一面是意志，一面是知识，一面是感情。意志的表现是行为，属于伦理学，知识属于各科学，感情是属于美术的。我们是做人，自然行为是主体，但要行为断不能撇掉知识与感情。例如走路是一种行为，但要先探听：从哪一条路走？几时可到目的地？探明白了，是有了走路的知识了；要是没有行路的兴会，就永不会走或走得不起劲，就不能走到目的地。又如踢球也是一种行为，但要先研究踢的方法；知道踢法了，是有了踢球的知识了；要是不高兴踢，就永踢不好。所以知识与感情不好偏枯，就是科学与美术，不可偏废。

科学与美术有不同的点：科学是用概念的，美术是用直观的。譬如这里有花，在科学上讲起来，这是菊科的植物，这是植物，这是生物，都从概念上进行。若从美术家眼光看起来，这一朵菊花的形式与颜色觉得美观就是了。是不是叫作菊花，都可不管。其余的菊科植物什么样？植物什么样？生物什么样？更可不必管了。又如这里有桌子，在科学上讲起来，他那桌面与四足的比例，是合于力学的理法的；因而推到各种形式不同的桌子，同是一种理法；而且与桌子相类的椅子、凳子，也同是一种理法；因而推到屋顶与柱子的关系，也同是一种理法，都是从概念上进行。若从美术家眼光看起来，不过这一个桌面上纵横的尺度的比例配置得适当；四足的粗细与桌面的大小、厚薄，配置得也适当罢了，不必推到别的桌子或别的器具。

但是科学虽然与美术不同，在各种科学上，都有可以应用美术眼光的地方。

算术是枯燥的科学，但美术上有一种截金法的比例，凡长方形的器物，最合于美感的，大都纵径与横径，总是三与五、五与八、八与十三等比例。就是圆形也是这样。

形学的点线面，是严格没有趣味的，但是图案画的分子，有一部分竟是点与直线、曲线，或三角形、四方形、圆形等凑合起来。又各种建筑或器具的形式，均不外乎直线、曲线的配置。不是很美观的么？

声音的高下，在声学上，不过一秒中发声器颤动次数的多少。但是一经复杂的乐器，繁变的曲谱配置起来，就可以成为高尚的音乐。

色彩的不同，在光学上，也不过光线颤动迟速的分别。但是用美术的感情试验起来，红、黄等色，叫人兴奋；蓝、绿等色，叫人宁静。又把各种饱和或不饱和的颜色配置起来，竟可以唤起种种美的感情。

矿物学不过为应用矿物起见，但因此得见美丽的结晶，金类、宝石类的光彩，很可以悦目。

生物学，固然可以知动植物构造的同异、生理的作用，但因此得见种种植物花叶的美，动物毛羽与体段的美。凡是美术家在雕刻上、图画上或装饰品上用作材料的，治生物学的人都时时可以遇到。

天文学，固然可以知各种星体引力的规则与星座的多寡；但如月光的魔力、星光的异态，凡是文学家几千年来叹赏不尽的，有较多的机会可以赏玩。

照上头所举的例看起来，治科学的人，不但治学的余暇，可以选几种美术供自己的陶养，就是所专研的科学上面，也可以兼得美术的趣味，岂不是一举两得么？

常常看见专治科学、不兼涉美术的人，难免有萧索无聊的状态。无聊不过于生存上强迫的职务以外，俗的是借低劣的娱乐作消遣，高的是渐渐地成了厌世的神经病。因为专治科学，太偏于概念，太偏于分析，太偏于机械的作用了。譬如人是何等灵变的东西，照单纯的科学家眼光，解剖起来，不过几根骨头、几堆筋肉。化分起来，不过几种原质。要是科学进步，一定可以制造生人，与现在制造机械一样。兼且凡事都逃不了因果律。即如我们今日在这里会谈，照极端的因果律讲起来，都可以说是前定的。我为什么此时到湖南，为什么今日到这个第一师范学校，为什么我一定讲这些呢，为什么来听的一定是诸位，这都有各种原因凑合成功，竟没有一点自由的。就是一人的生死、国家的存亡、世界的成毁，都是机械作用，并没有自由的意志可以改变他的。抱了这种机械的人生观与世界观，不但对于自己竟无生趣，对于社会毫无爱情，就是对于所治的科学，也不过"依样画葫芦"，决没有创造的精神。

　　防这种流弊,就要求知识以外,兼养感情,就是治科学以外,兼治美术。有了美术的兴趣,不但觉得人生很有意义、很有价值,就是治科学的时候,也一定添了勇敢活泼的精神。请诸君试验一试验。

(刊于1921年《北京大学日刊》)

美育实施的方法

我国初办新式教育的时候，只提出体育、智育、德育三条件，称为"三育"。十年来，渐渐地提到美育，现在教育界已经公认了。李石岑先生要求我说说"美育实施的方法"，我把我个人的意见写在下面。

照现在教育状况，可分为三个范围：一、家庭教育；二、学校教育；三、社会教育。我们所说的美育，当然也有这三方面。

我们要作彻底的教育，就要着眼最早的一步。虽不能溢出范围，推到优生学，但至少也要从胎教起点。我从不信家庭有完美教育的可能性，照我的理想，要从公立的胎教院与育婴院着手。

公立胎教院是给孕妇住的，要设在风景佳胜的地方，不为都市中混浊的空气、纷扰的习惯所沾染。建筑的形式要匀称，要玲珑，用本地旧派，略参希腊或文艺中兴时代的气味。凡埃及的高压式、峨特的偏激派，都要避去。四面都是庭园，有广场，可以散步，可以作轻便的运动，可以赏月观星。园中杂莳花木，使四时均有雅丽之花叶，可以悦目。选毛羽秀丽、鸣声谐雅的动物，散布花木中间；须避去用索系猴、用笼装鸟的习惯。引水成泉，勿作激流。汇水成池，蓄美观活泼的鱼。室内糊壁的纸、铺地的毡，都要选恬静的颜色、疏秀的花纹。应用与陈列的器具，要轻便雅致，不取笨重或过于琐巧的。一室中要自成系统，不可混乱。陈列雕刻、图画，都取优美一派；应有健全体格的裸体像与裸体画。凡有粗犷、猥亵、悲惨、怪诞等品，即使描写个性，大有价值，这里都不好加入。过度激刺的色彩，也要避去。备阅览的文字，要乐观的，和平的；凡是描写社会黑暗方面、个人神经异常的，要避去。每日可有音乐，选取的标准与图画一样，激刺太甚的、卑靡的，都不取。总之，各种要孕妇完全在平和活泼的空气里面，才没有不好的影响传到胎儿。这是胎儿的美育。

　　孕妇产儿以后，就迁到公共育婴院。第一年是母亲自己抚养的；第二、三年，如母亲要去担任她的专业，就可把婴儿交给保姆。育婴院的建筑，与胎教院大略相同，或可联合一处。其中陈列的雕刻、图画，可多选裸体的康健儿童，备种种动静的姿势；隔几日，可更换一套。音乐，选简单静细的。院内成人的言语与动作，都要有适当的音调态度，可以作儿童的模范。就是衣饰，也要有一种优美的表示。

在这些公立机关未成立以前，若能在家庭里面，按照上列的条件小心布置，也可承认为家庭美育。儿童满了三岁，要进幼稚园了。幼稚园是家庭教育与学校教育的过渡机关，那时候儿童的美感，不但被动的领受，并且自动的表示了。舞蹈、唱歌、手工，都是美育的专课。就是教他计算、说话，也要从排列上、音调上迎合他们的美感，不可用枯燥的算法与语法。

儿童满了六岁，就进小学校。此后十一二年，都是普通教育时期，专属美育的课程，是音乐、图画、运动、文学等。到中学时代，他们自主力渐强，表现个性的冲动渐渐发展，选取的文字、美术，可以复杂一点。悲壮、滑稽的著作，都可应用了。

但是美育的范围，并不限于这几个科目，凡是学校所有的课程，都没有与美育无关的，例如数学，仿佛是枯燥不过的了；但是美术上的比例、节奏，全是数的关系，截金术是最显的例。数学的游戏，可以引起滑稽的美感。几何的形式，是图案术所应用的。理化学似乎机械性了；但是声学与音乐、光学与色彩，密切得很。雄强的美，全是力的表示。美学中有"感情移入"论，把美术品形式都用力来说明它。文学、音乐、图画，都有冷热的异感，可以从热学上引起联想。磁电的吸拒，就是人的爱憎。有许多美术工艺，是用电力制成的。化学实验，常见美丽的光焰；元子、电子的排列法，可以助图案的变化。图画所用的颜料，有许多是化学品。星月的光辉，在天文学上不过映照距离的关系，在文学、图画上便有绝大的魔力；矿物的结晶、闪光与显色，在科学上不过自然的结果，在装饰品便作重要的材料。植物的花叶，在科学上不过生殖与呼吸机关，或供分类的便利；动物的毛羽与声音，在科学上作为保护生命的作用，或雌雄淘汰的结果；在美术、文学上都为美观的材料。地理学上云霞风雪的变态，山岳河海的名胜，文学家、美学家的遗迹；历史上文学美术的进化，文学家、美术家的轶事，也都是美育的资料。

由普通教育转到专门教育，从此关乎美育的学科，都成为单纯的进行了。爱音乐的进音乐学校，爱建筑、雕刻、图画的进美术学校，爱演剧的进戏剧学校，爱文学的进大学文科，爱别种科学的人就进了别的专科了。但是每一个学校的建筑式、陈列品，都要合乎美育的条件。可以时时举行辩论会、音乐会、成绩展览会、各种纪念会等，都可以利用他来行普及的美育。

学生不是常在学校的，又有许多已离学校的人，不能不给他们一种美育的机会，所以又要有社会的美育。

社会美育，从专设的机关起：

（一）美术馆，搜罗各种美术品，分类陈列。于一类中，又可依时代为次。以原本为主，但别处所藏的图画，最著名的，也用名手的摹本。别处所藏的雕刻，也可用摹造品。须有精印的目录，插入最重要品的摄影。每日定时开馆。能不收入门券费最善，必不得已，每星期日或节日必须免费。

（二）美术展览会，须有一定的建筑，每年举行几次，如春季展览、秋季展览等。专征集现代美术家作品，或限于本国，或兼征他国的。所征不胜陈列，组织审查委员选定。陈列品可开明价值，在会中出售。余时亦可开特别展览会，或专陈一家作品，或专陈一派作品。也有借他国美术馆或私人所藏展览的。

（三）音乐会，可设一定的会场，定期演奏。在夏季也可在公园、广场中演奏。

（四）剧院，可将歌舞剧、科白剧分设两院，亦可于一院中更番演剧。剧本必须出文学家手笔，演员必须受过专门教育。剧院营业，如不敷开支，应用公款补助。

（五）影戏馆，演片须经审查，凡无聊的滑稽剧、凶险的侦探案、卑猥的恋爱剧都去掉。单演风景片与文学家作品。

（六）历史博物馆，所收藏大半是美术品，可以看出美术进化的痕迹。

（七）古物学陈列所，所收藏的大半是古代的美术品，可以考见美术的起源。

（八）人类学博物馆，所收藏的不全是美术品，或者有很丑恶的，但可以比较各民族的美术，或是性质不同，或是程度不同。无论如何幼稚的民族，总有几种惊人的美术品。又往往不相交通的民族，有同性质的作品。很可以促进美术的进步。

（九）博物学陈列所与植物园、动物园，这固然不专为美育而设,但矿物的标本与动植物的化石,或色彩绚烂,或结构精致,或形状奇伟,很可以引起美感。若种种生活的动植物,值得赏鉴,更不待言了。

在这种特别设备以外,又要有一种普遍的设备,就是地方的美化。若只有特别的设备,平常接触耳目的,还是些卑丑的形状,美育就不完全,所以不可不谋地方的美化。

地方的美化,第一是道路。欧洲都市最广的道路,两旁为人行道,其次公车来往道,又间以种树、艺花,及游人列坐的地方二三列,这自然不能常有的。但每条道路,都要宽平。一地方内各条道路,要有一点匀称的分配。道路交叉的点,必须留一空场,置喷泉、花畦、雕刻品等。

第二是建筑。三间东倒西歪屋,固然起脆薄、贫乏的感想;三四层匣子重叠式的洋房,也可起板滞、粗俗的感想。若把这两者并合在一处,真异常难受了。欧美海滨或山坞的别墅团体,大半是一层楼,适敷小家庭居住,二层的已经很少,再高是没有的。四面都是花园,疏疏落落,分开看各有各的意匠,合起来看,合成一个系统。现在各国都有

"花园城"的运动,他们的建筑也大概如此。我们的城市改革很难,组织新村的人,不可不注意呵!

第三是公园。公园有两种:一种是有围墙,有门,如北京中央公园、上海黄浦滩外国公园的样子。里面人工的设备多一点,进去有一点制限。还有一种,是并无严格的范围,以自然美为主,最要的是一大片林木,中开无数通路,可以散步。有几大片草地可以运动。有一道河流,或汇成小湖,可以行小舟。建筑品不很多,游人可自由出入。在巴黎、柏林等,地价非常昂贵,但是这一类大公园,都有好几所永远留着。

第四是名胜的布置。瑞士有"世界花园"的称号,固然是风景很好,也是他们的保护点缀很适宜,交通很便利,所以能吸引游人。美国有好几所国家公园,地面很大,完全由国家保护,不能由私人随意占领,所以能保留它的优点,不受损坏。我们国内,名胜很多,但如黄山等,交通不便,颇难游赏。交通较便的如西湖等,又漫无限制,听无知的人造了许多拙劣的洋房,把自然美缀了许多污点,真是可惜。

第五是古迹的保存。新近的建筑,破坏了很不美观。若是破坏的古迹，转以引起许多历史上的联想，于不完全中认出美的分子来。所以保存古迹，以不改动他为原则。但有些非加修理不可的，也要不显痕迹，且按着原状的派式。并且留得原状的摄影，记述修理情形同时日，备后人鉴别。

第六是公坟。我们中国人的做坟，可算是混乱极了。贫的是随地权厝，或随地做一个土堆子。富的是为了一个死人，占许多土地。石工墓木，也是千篇一律，一点没有美意。照理智方面观察，人既死了，应交医生解剖，若是于后来生理上、病理上可备参考的，不妨保存起来。否则血肉可作肥料，骨骼可供雕刻品，也算得是废物利用了。但是人类行为，还有感情方面的吸力，生人对于死人，决不肯把他哀感所托的尸体，简单地处置了。若是照我们南方各省，满山是坟，不但太不经济，也是破坏自然美的一端。现在不如先仿西洋的办法。他们的公坟有两种：一是土葬的，如上海三马路、北京崇文门，都有西洋的公坟。他是画一块地，用墙围着，布置一点林木。要葬的可以指区购定。墓旁有花草，墓上的石碑有花纹，有铭词，各具意匠，也可窥见一时美术的风尚。还有一种是火葬，他们用很庄严的建筑，安置电力焚尸炉。既焚以后，把骨灰聚起来，装在古雅的瓶里，安置在精美石坊的方孔中。所占的地位，比土葬减少，坟园的布置，也很华美。这些办法都比我们的随地乱葬好，我们不妨先采用。

我说美育，一直从未生以前，说到既死以后，可以休了。中间有错误的、脱漏的，我再修补，尤希望读的人替我纠正。

(刊于1922年《教育杂志》)

学校是为研究学术而设
——在西湖国立艺术院开学式演说词

今天是艺术院补行开学式。大学院为什么在这个时候、这个地方设立艺术院？平常，西湖有很多的人来，远些来的人，可分两种：一是游览，一是为烧香。游览的人，是因为西湖风景很美丽，天气很温和，所以相率来游，以满足其私人的爱美欲望。一种是烧香的人，烧香的人为什么一定要来西湖拜佛呢？西湖的寺庙最多，所以他们都来了。但是为什么这些寺庙都建筑在风景美好的湖山之中呢？宗教是靠人心信仰而存在的，但是宗教是空空渺渺的，不能使人都信，永久维持着他的势力，故必须借着优美的山林，才能无形之中引诱一般人来信他的。一般人之所以拜佛，而又必定相率来西湖的，虽其信心觉得是为佛而来，实际上他们的潜在主因，仍就是为西湖的风景好才来的，也就是因为借此能满足他们的爱美欲望才来的，自然美不能完全满足人的爱美欲望，所以必定要于自然美外有人造美。艺术是创造美的，实现美的，西湖既有自然美，必定要再加上人造美，所以大学院在此地设立艺术院。宗教是靠着自然美，而维持着他们的势力存在。现在要以纯粹的美来唤醒人的心，就是以艺术来代宗教。因为西湖的寺庙最多，来烧香的人也最多，所以大学院在西湖设立艺术院，创造美，使以后的人都移其迷信的心为爱美的心，借以真正地完成人们的生活。

现在最重要的是北伐，有人以为在这紧张的时候，不必马上设立艺术院。但事实上，大家的革命主要目的，不纯在消极地打倒军阀，抵御外人的侵略，而在三民主义的积极建设起来。三民主义，无非为民生而设，总理四十年的革命，可说最后的目的是在民生问题。但文化与物质生活之改造同时重要。原始的人类，于艰难苦斗的生活中，仍有文身、雕刻、装饰器物的精神生活之需要，可见文化与物质生活同时发生，同样重要。生活问题既有物质与精神的两种，那么我们为民生问题而有的国民革命，必须于打倒阻碍民生进行的北伐工作之外，同时兼到精神上的建设，将来方能有完满的成功。再就目前事实上说，我们的北伐军也必须有美的、纯然无私的、勇敢的艺术精神，然后才能真的胜利。如法国人的在欧洲大战，因他们以前有艺术的陶养，故有那样从容不迫的精神。

大学院看艺术与科学一样重要。艺术能养成人有一种美的精神、纯洁的人格。艺术美,照日本人译来的西洋语有两种:一是优美,一是壮美。优美能使人和蔼、安静,对于一切能持静,遇事不乱,应付裕如。壮美使人有如受压迫,如瞻望高山,观览广洋狂涛,使人感到压迫,因而有反抗,勇往直前,一种大无畏的精神,奋发的情感。法国在优美之中养育,故不怕一切,虽强兵临于巴黎近郊,而仍能从容不迫,应付敌人。德人则壮美,他们做事,一往直前,气盖一世。我们北伐军必须有这两种精神,才能一切胜利。现在北伐军中有艺术科,也就是想以艺术精神来陶养军人,使他们有美的、纯然无私的勇敢精神,使北伐胜利。

人类有两种欲望:一是占有欲,一是创造欲。占有欲属于物质生活,为科学之事。创造欲为纯然无私的,归之于艺术。人人充满占有欲,社会必战争不已,紊乱不堪,故必有创作欲,艺术以为调剂,才能和平。艺术纯以创作为主,无现实上的一切因占有欲而起的束缚,艺术家不要名誉、财产,不迎合社会,因此中外的艺术家,每每一生很苦。中国古话说:文人贫而后工。并不是贫而后工,是去掉了一切个人的、现实的私欲,而能纯以创造为主才工。大学院设

1928年,国立艺术院全体师生合影

1929年,蔡元培书"国立艺术院"校碑

立艺术院，纯粹为提倡此种无私的、美的创造精神。所以艺术院不在学生多少，而在能创造。能创作，就是一个学生也可以。不能创作，一百、一千个学生也没有用。艺术院的林先生及教职员，他们都是有创作能力的人，希望他们自己去创作，不要顾到别的。

大家要认明白，艺术院不但是教学生，仍是为教职员创作而设的。学生愿意跟他们创作的就可以进来，不然不必来这里。这次的风潮，不是真的学生，是有别的政治作用，已经为浙江省政府除去。你们可以安心上课，教职员努力创作。不愿跟着教职员创作的学生，想作别的政治活动的学生，可以离开这里，到别处去，到社会上去做政客，不要妨碍他们创作。总之，艺术院是纯为艺术的，有天才、能创作的学生，一万不为多，一个不为少。

来宾、新闻记者也请注意：学校为纯粹的学术机关、神圣之地，一个学生没有也不要紧；教职员能创作，一样可以办下去。不要以为学生少了，就不成学校，这一点大家不要误会了，艺术院的教职员诸先生，要大家一致地努力创作，不要看见发生了一点小事，就怕起来。嗣后再有什么不正当的活动，有浙江省政府来防御、制止。学生要安心上课，教职员诸先

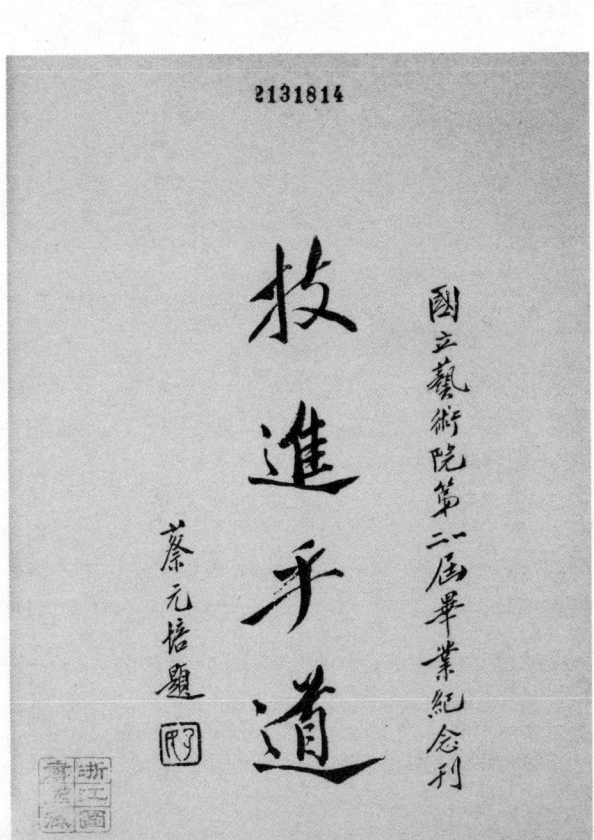

1933年,蔡元培为《国立艺术院第一二届毕业纪念刊》题词"技近乎道"

生一致创作,供之于社会,这是大学院所最希望的。

(刘开渠笔记;刊于 1928 年《中央日报》)

美育

美育者，应用美学之理论于教育，以陶养感情为目的者也。人生不外乎意志，人与人互相关系，莫大乎行为，故教育之目的，在使人人有适当之行为，即以德育为中心是也。顾欲求行为之适当，必有两方面之准备。一方面，计较利害，考察因果，以冷静之头脑判定之。凡保身卫国之德，属于此类，赖智育之助者也。又一方面，不顾祸福，不计生死，以热烈之感情奔赴之。凡与人同乐、舍己为群之德，属于此类，赖美育之助者也。所以美育者，与智育相辅而行，以图德育之完成者也。

吾国古代教育，用礼、乐、射、御、书、数之六艺。乐为纯粹美育；书以记述，亦尚美观；射御在技术之熟练，而亦态度之娴雅；礼之本义在守规则，而其作用又在远鄙俗；盖自数以外，无不含有美育成分者。其后若汉魏之文苑、晋之清谈、南北朝以后之书画与雕刻、唐之诗、五代以后之词、元以后之小说与剧本，以及历代著名之建筑与各种美术工艺品，殆无不于非正式教育中行其美育之作用。

其在西洋，如希腊雅典之教育，以音乐与体操并重，而兼重文艺。音乐、文艺，纯粹美育。体操者，一方以健康为目的，一方实以使身体为美的形式之发展；希腊雕像，所以成空前绝后之美，即由于此。所以雅典之教育，虽谓不出乎美育之范围，可也。罗马人虽以从军为政见长，而亦输入希腊之美术与文学，助其普及。中古时代，基督教徒，虽务以清静矫俗；而峨特式之建筑，与其他音乐、雕塑、绘画之利用，未始不迎合美感。自文艺复兴以后，文艺、美术盛行。及十八世纪，经包姆加敦（Baumgarten, 1717—1762）与康德（Kant, 1724—1804）之研究，而美学成立。经席勒尔（Schiller, 1759—1805）详论美育之作用，而美育之标识，始彰明较著矣。（席勒尔所著，多诗歌及剧本；而其关于美学之著作，唯 Brisfe über die ästhetisehe Erziehung，吾国"美育"之术语，即由德文之 Ästhetische Erziehung 译出者也。）自是以后，欧洲之美育，为有意识之发展，可以资吾人之借鉴者甚多。

爰参酌彼我情形而述美育之设备如下：美育之

设备，可分为学校、家庭、社会三方面。

学校自幼稚园以至大学校，皆是。幼稚园之课程，若编纸、若粘土、若唱歌、若舞蹈、若一切所观察之标本，有一定之形式与色泽者，全为美的对象。进而至小学校，课程中如游戏、音乐、图画、手工等，固为直接的美育；而其他语言与自然、历史之课程，亦多足以引起美感。进而及中学校，智育之课程益扩加；而美育之范围，亦随以俱广。例如，数学中数与数常有巧合之关系；几何学上各种形式，为图案之基础；物理、化学上能力之转移，光色之变化；地质学的矿物学上结晶之匀净，闪光之变幻；植物学上活色生香之花叶；动物学上逐渐进化之形体，极端改饰之毛羽，各别擅长之鸣声；天文学上诸星之轨道与光度；地文学上云霞之色彩与变动；地理学上各方之名胜；历史学上各时代伟大与都雅之人物与事迹；以及其他社会科学上各种大同小异之结构，与左右逢源之理论，无不于智育作用中，含有美育之元素，一经教师之提醒，则学者自感有无穷之兴趣。其他若文学、音乐等之本属于美育者，无待言矣。进而至大学，则美术、音乐、戏剧等皆有专校，而文学亦有专科。即非此类专科、专校之学生，亦常有公开之讲演或演奏等，可以参加。而同学中亦多有关于此等美育之集会，其发展之度，自然较中学为高矣。且各级学校，于课程外，尚当有种种关于美育之设备。例如，学校所在之环境有山水可赏者，校之周围，设清旷之园林。而校舍之建筑，器具之形式，造像摄影之点缀，学生成绩品之陈列，不但此等物品之本身美的程度不同，而陈列之位置与组织之系统，亦大有关系也。

其次家庭。居室不求高大，以上有一二层楼，而下有地窟者为适宜。必不可少者，环室之园，一部分杂莳花木，而一部分可容小规模之运动，如秋千、网球之类。其他若卧室之床几，膳厅之桌椅与食具，工作室之书案与架柜，会客室之陈列品，不同华贵或质素，总须与建筑之流派及各物品之本式，相互关系上，无格格不相入之状。其最必要而为人人所能行者，清洁与整齐。其他若鄙陋之辞句，如恶谑与谩骂之类；粗暴与猥亵之举动，无老幼、无男女、无主仆，皆当屏绝。

其次社会。社会之改良，以市乡为立足点。凡建设市乡，以上水管、下水管为第一义。若居室无自由启闭之水管，而道路上见有秽水之流演、粪桶与粪船之经过，则一切美观之设备，皆为所破坏。次为街道之布置，宜按全市或全乡地面而规定大街若干、小街若干，街与街之交叉点，皆有广场。场中设花坞，随时移置时花；设喷泉，于空气干燥时放射之。如北方各省尘土飞扬之所，尤为必要。陈列美术品，如名人造像，或神话、故事之雕刻等。街之宽度，预为规定，分步行、车行各道，而旁悉植树。两旁建筑，私人有力自营者，必送其图于行政处，审为无碍于观瞻而后认可之；其无力自营而需要住所者，由行政处建设公共之寄宿舍，或为一家者，或为一人者，以至廉之价赁出之。于小学校及幼稚园外，尚有寄儿所，以备孤儿或父母同时作工之子女可以寄托，不使抢攘于街头。对于商店之陈列货物、悬挂招牌、张贴告白，皆有限制，不使破坏大体之美观，或引起恶劣之心境。载客运货之车，能全用机力，最善。必不得已而利用畜力，或人力，则牛马必用强壮者，装载之量与运行之时，必与其力相称。人力间用以运轻便之物，或负担，或曳车、推车。若为人舁轿挽车，唯对于病人或妇女，为徜徉游览之助者，或可许之。无论何人，对于老牛、羸马之竭力以曳重载，或人力车夫之袒背浴汗而疾奔，不能不起一种不快之感也。设习艺所，以收录贫苦与残疾之人，使得于能力所及之范围，稍有所贡献，以偿其所享受，而不许有沿途乞食者。设公墓，可分为土葬、火葬两种，由死者遗命或其子孙之意而选定之。墓地上分区、植树、莳花、立碑之属，皆有规则。不许于公墓以外，买地造坟。分设公园若干于距离适当之所，有池沼亭榭、花木鱼鸟，以供人工作以后之休憩。设植物园，以观赏四时植物之代谢。设动物园，以观赏各地动物特殊之形状与生活。设自然历史标本陈列所，以观赏自然界种种悦目之物品。设美术院，以久经鉴定之美术品，如绘画、造像及各种美术工艺，刺绣、雕镂之品，陈列于其中，而有一定之开放时间，以便人观览。设历史博物院，以使人知一民族之美术，随时代而不同。设民族学博物院，以使人知同时代中，各民族之美术，各有其特色。设美术展览会，或以新出之美术品，供人批评；或以私人之所收藏，暂供众览；或由他处陈列所中，抽借一部，使观赏者常有新印象，不为美术院所限也。设音乐院，定期演奏高尚之音乐，并于公园中为临时之演奏。设出版物检查所，凡流行之诗歌、小说、剧本、画谱，以至市肆之挂屏、新年之花纸，尤其儿童所读阅之童话与画本等，凡粗犷、猥亵者禁止之，而择其高尚优美者助为推行。设公立剧院及影戏院，专演文学家所著名剧及有关学术，能引起高等情感之影片，以廉价之入场券引人入览。其他私人营业之剧院及影戏院，所演之剧与所照之片，必经公立检查所之鉴定，凡卑猥陋劣之作，与真正之美感相冲突者，禁之。婚丧仪式，凡陈陈相因之仪仗、繁琐无理之手续，皆废之；定一种简单而可以表示哀乐之公式。每年遇国庆日，或本市本乡之纪念日，则于正式祝典以外，并可有市民极端欢娱之表示。然亦有一种不能越过之制限，盖文明人无论何时，总不容有无意识之举动也。以上所举，似专为新立之市乡而言，其实不然。旧有之市乡，含有多数不合美育之分子者，可于旧市乡左近之空地，逐渐建设，以与之交换，或即于旧址上局部改革。

要之，美育之道，不达到市乡悉为美化，则虽学校、家庭尽力推行，而其所受环境之恶影响，终为阻力，故不可不以美化市乡为最重要之工作也。

（刊于1930年《教育大辞书》条目）

以美育代宗教

我向来主张以美育代宗教,而引者或改美育为美术,误也。我所以不用美术而用美育者,一因范围不同,欧洲人所设之美术学校,往往只有建筑、雕刻、图画等科,并音乐、文学,亦未列入。而所谓美育,则自上列五种外,美术馆的设置,剧场与影戏院的管理,园林的点缀,公墓的经营,市乡的布置,个人的谈话与容止,社会的组织与演进,凡有美化的程度者,均在所包。而自然之美,尤供利用,都不是美术二字所能包举的。二因作用不同,凡年龄的长幼、习惯的差别、受教育程度的深浅,都令人审美观念互不相同。

我所以不主张保存宗教,而欲以美育来代他,理由如下:

宗教本旧时代教育,各种民族,都有一个时代,完全把教育权委托于宗教家,所以宗教中兼含着智育、德育、体育、美育的元素。说明自然现象,记上帝创世次序,讲人类死后世界等等是智育。犹太教的十诫,佛教的五戒与各教中劝人去恶行善的教训，是德育。各教中礼拜、静坐、巡游的仪式，是体育。宗教家择名胜的地方，建筑教堂，饰以雕刻、图画，并参用音乐、舞蹈，佐以雄辩与文学，使参与的人有超出尘世的感想，是美育。

　　从科学发达以后，不但自然历史、社会状况，都可用归纳法求出真相，就是潜识、幽灵一类，也要用科学的方法来研究他。而宗教上所有的解说，在现代多不能成立，所以智育与宗教无关。历史学、社会学、民族学等发达以后，知道人类行为是非善恶的标准，随地不同、随时不同，所以现代人的道德，须合于现代的社会，决非数百年或数千年以前之圣贤所能预为规定，而宗教上所悬的戒律，往往出自数千年以前，不特挂漏太多，而且与事实相冲突的，一定很多。所以德育方面，也与宗教无关。自卫生成为专学，运动场、疗养院的设备，因地因人，各有适当的布置，运动的方式，极为复杂。旅行的便利，也日进不已，决非宗教上所有的仪式所能比拟。所以体育方面，也不必倚赖宗教。于是宗教上所被认为尚有价值的，只有美育的元素了。庄严伟大的建筑，优美的雕刻与绘画，奥秘的音乐，雄深或婉挚的文学，无论其属于何教，而异教的或反对一切宗教的人，决不能抹杀其美的价值，是宗教上不朽的一点，只有美。

然则保留宗教，以当美育，可行么？我说不可。

一、美育是自由的，而宗教是强制的；

二、美育是进步的，而宗教是保守的；

二、美育是普及的，而宗教是有界的。

因为宗教中美育的元素虽不朽，而既认为宗教的一部分，则往往引起审美者的联想，使彼受其智育、德育诸部分的影响，而不能为纯粹的美感，故不能以宗教充美育，而只能以美育代宗教。

(刊于1930年《现代学生》)

与《时代画报》记者谈话

记者：蔡先生以前曾看过《时代画报》没有？

蔡：看过，而且很喜欢看。

记者：不知先生有什么指教没有？

蔡：我以为画报实在是社会上极需要的一种刊物。我们中国太多的是看不见的东西。譬如文章，不错，文章里面有什么东西都讲到的，但是即使他形容得多少美丽，描写得多少真切，结果我们仍不过是读到了文章。峨眉山、喜马拉雅山的高，莱芒湖、西湖的美，万里长城、凯旋门的雄伟，尼加拉瀑布的壮大等等，读文章总不如见到了形状来得更可以感动。况且从文章里读来的和照相里看到的，根本是两样东西，印象也不同。余如世界的名画，当然我们没有几个人能有那种机会亲自去看。哄动一时的新闻与人物，我们也不能每次在场，或是按户去拜访，那么有了画报，多少便可以去安慰这样渴望的一部分了。当然，如能每一样都能见到真迹是更幸福的事，但是这几乎是不可能的事。所以我极赞成有图画的刊物。说大一些，竟然是极有关系于国家社会的前途的。希望你们努力做去,你们的责任是极大的,你们的功劳实在不小。

记者:承蒙蔡先生赞许,我们当然要更加努力。

蔡:我还希望你们能多征集些工艺美术的材料。

记者:是的,这是在我们计划中的。关于工艺美术,我们也希望你赐教些意见。

蔡:我们中国在唐代前后极是注重工艺美术的。便是工艺美术也是在那时候最兴盛。这可以算是我国文化的全盛时期。我国的绘画本来就偏重于图案方面,工艺美术因此有很好的成绩是意中事。

记者:先生对于欧洲的图画有什么意见?

蔡:那是一国有一国的特长,我是没有不喜欢的。

记者:先生以为我国的图案是否应当去受外国的影响?有许多人以为我国的图案画当完全保持他固有的特趣,是不宜渗入些异国情调的。

蔡:当然一方有一方的理由。不过我以为如能参考了外国的作品,采取得当,而溶化在一起,造成一种新中国的图案画,以应付现时代的需求,是也未始不可的。

记者：先生主持的中央研究院陶瓷试验场已有不少的出品了吧？

蔡：成绩还不差。我国的陶器，本来可以说是全世界最好的一种，但是历来已少有人去注意。制瓷不过供日用的器皿，只图金钱，但只模仿前代而无有创造，因之缺少了改进，一天天退步下来，反而不及外国远远了。我们早就觉察到这一种落后的羞耻，因此有陶瓷试验场的设立，俾我国固有的一种艺术有重见天日的一天。

记者：先生以前提倡的"美育"，现在外面又有许多人在讨论这个问题了，是不是？

蔡：是吧？我以前曾经很费了些心血去写过些文章，提倡人民对于美育的注意。当时有许多人加入讨论，结果无非是纸上空谈。我以为现在的世界，一天天往科学路上跑，盲目地崇尚物质，似乎人活在世上的意义只为了吃面包，以致增进食欲的劣性，从竞争而变成抢夺。我们竟可以说大战的酿成，完全是物质的罪恶。现在外面谈起第二次世界大战的议论很多，但是一大半只知裁兵与禁止制造军火，其实仍不过是表面上的文章，根本办法仍在于人类的本身。要知科学与宗教是根本绝对相反的两件东西。科学崇尚的是物质，宗教注重的是情感。科学愈昌明，宗教愈没落；物质愈发达，情感愈衰颓。人类与人类一天天隔膜起来，而互相残杀。根本是人类制造了机器，而自己反而成了机器的奴隶，受了机器的指挥，不惜仇视同类。我们提倡美育，便是使人类能在音乐、雕刻、图画、文学里又找见他们遗失了的情感。我们每每在听了一支歌，看了一张画、一件雕刻，或是读了一首诗、一篇文章以后，常会有一种说不出的感觉：四周的空气会变得更温柔，眼前的对象会变得更甜蜜，似乎觉到自身在这个世界上有一种伟大的使命。这种使命不仅仅是使人人要有饭吃，有衣裳穿，有房子住，要使人人能在保持生存以外，还能去享受人生。知道了享受人生的乐趣，同时更知道了人生的可爱，人与人的感情便不期然而然地更加浓厚起来。那么，虽然不能说战争可以完全消灭，至少可以毁除不少起衅的秧苗了。

(1930年作)

美育与人生

人的一生，不外乎意志的活动，而意志是盲目的，其所恃以为较近之观照者，是知识；所以供远照、旁照之用者，是感情。

意志之表现为行为。行为之中，以一己的卫生而免死、趋利而避害者为最普通；此种行为，仅仅普通的知识，就可以指导了。进一步的，以众人的生及众人的利为目的，而一己的生与利即托于其中。此种行为，一方面由于知识上的计较，知道众人皆死而一己不能独生；众人皆害而一己不能独利。又一方面，则亦受感情的推动，不忍独生以坐视众人的死，不忍专利以坐视众人的害。更进一步，于必要时，愿舍一己的生以救众人的死；愿舍一己的利以去众人的害，把人我的分别、一己生死利害的关系，统统忘掉了。这种伟大而高尚的行为，是完全发动于感情的。

人人都有感情，而并非都有伟大而高尚的行为，这是由于感情推动力的薄弱。要转弱而为强，转薄而为厚，有待于陶养。陶养的工具，为美的对象；

陶养的作用，叫作美育。

美的对象，何以能陶养感情？因为他有两种特性：一是普遍，二是超脱。

一瓢之水，一人饮了，他人就没得分润；容足之地，一人占了，他人就没得并立；这种物质上不相入的成例，是助长人我的区别、自私自利的计较的。转而观美的对象，就大不相同。凡味觉、嗅觉、肤觉之含有质的关系者，均不以美论；而美感的发动，乃以摄影及音波辗转传达之视觉与听觉为限。所以纯然有"天下为公"之概。名山大川，人人得而游览；夕阳明月，人人得而赏玩；公园的造像、美术馆的图画，人人得而畅观。齐宣王称"独乐乐不若与人乐乐""与少乐乐不若与众乐乐"，陶渊明称"奇文共欣赏"，这都是美的普遍性的证明。

植物的花，不过为果实的准备，而梅、杏、桃、李之属，诗人所咏叹的，以花为多。专供赏玩之花，且有因人择的作用，而不能结果的。动物的毛羽，所以御寒，人因有制裘、织呢的习惯；然白鹭之羽，孔雀之尾，乃专以供装饰。宫室可以避风雨就好了，何以要雕刻与彩画？器具可以应用就好了，何以要图案？语言可以达意就好了，何以要特制音调的诗歌？可以证明美的作用，是超越乎利用的范围的。

既有普遍性以打破人我的成见，又有超脱性以透出利害的关系；所以当着重要关头，有"富贵不能淫，贫贱不能移，威武不能屈"的气概；甚且有"杀身以成仁"而不"求生以害仁"的勇敢。这种是完全不由于知识的计较，而由于感情的陶养，就是不源于智育，而源于美育。

所以吾人固不可不有一种普通职业，以应利用厚生的需要；而于工作的余暇，又不可不读文学、听音乐、参观美术馆，以谋知识与感情的调和。这样，才算是认识人生的价值了。

(1931 年前后作)

美育代宗教

有的人常把美育和美术混在一起,自然美育和美术是有关系的,但这两者范围不同,只有美育可以代宗教,美术不能代宗教,我们不要把这一点误会了。就视觉方面而言,美术包括建筑、雕刻、图画三种;就听觉方面而言,包括音乐。在现在的学校里,像图画、音乐这几门功课都很注意,这是美术的范围。至于美育的范围要比美术大得多,包括一切音乐、文学、戏院、电影、公园、小小园林的布置、繁华的都市(例如上海)、幽静的乡村(例如龙华)等等,此外如个人的举动(例如六朝人的尚清谈)、社会的组织、学术团体、山水的利用,以及其他种种的社会现状,都是美育。美育是广义的,而美术则意义太狭。美术是活动的,譬如中学生的美术就和小学生的不同,哪一种程度的人就有哪一种的美术,民族文化到了什么程度就产生什么程度的美术。美术有时也会引起不好的思想,所以国家裁制便不用美术。

我为什么想到以美育代宗教呢?因为现在一般

人多是抱着主观的态度来研究宗教，其结果，反对或者是拥护，纷纭聚讼，闹不清楚，我们应当从客观方面去研究宗教。不论宗教的派别怎样的不同，在最初的时候，宗教完全是教育，因为那时没有像现在这样为教育而设的特殊机关，譬如基督教青年会讲智、德、体三育，这就是教育。

初民时代没有科学，一切人类不易知道的事全赖宗教去代为解释。初民对于山、海、光，以及天雨、天晴等等的自然界现象，很是惊异，觉得这些现象的发生，总有一个缘故在里面。但是什么人去解释呢？又譬如星是什么，太阳是什么，月亮是什么，世界什么时候起始，为什么有这世界，为什么有人类这许多问题。现在社会人事繁复，生活太复杂，人类一天到晚，忙忙碌碌，没有工夫去研究这些问题，但我们的祖宗生活却很简单，除了打猎外，便没有什么事，于是就有摩西亚把这些问题作了一番有系统的解答，把生前是一种怎样情形，死后又是一种怎样情形，世界没有起始以前是怎样，世界将来的究竟又是怎样，统统都解释了出来。为什么会有日蚀、月蚀那种自然的现象呢？说是日或月给动物吞食了去。在《创世纪》里，说人类是上帝于一天之内造出来的，世界也是上帝造出来的，而且可吃的东西都有。经过这样一番解释之后，初民的求知欲就满足了，这是说到宗教和智育的关系。

从小学教科书里直到大学教科书里，有人讲给我们听，说人不可做怎样怎样不好的事，这是从消极说法，更从积极方面，说人应该做怎样怎样的人。这就是德育。譬如摩西的《十诫》也说了许多人"可以"怎样和"不可以"怎样的话。无论哪一种的宗教总是讲规矩，讲爱人爱友，爱敌如友，讲怎样做人的模范。现在的德育也是讲人和人如何往来，人如何对待人，这是说到宗教和德育的关系。

宗教有跪拜和其他种种繁重的仪式，有的宗教的信徒每日还要静坐多少时间，有许多基督教徒每年要往耶路撒冷去朝拜，佛教徒要朝山，要到大寺院里去进香。我把这些情形研究的结果，原来都和体育与卫生有关。周朝很注重礼节，一部《周易》无非要人强壮身体，一部《礼记》规定了很繁重的礼节，也无非要人勇敢强有力，所谓平常有礼，有事当兵。这是说到宗教和体育的关系。

所以，在宗教里面智、德、体三育都齐备了。

凡是一切教堂和寺观，大都建筑在风景最好的地方。欧洲文艺复兴之后，在建筑方面产生了许多格式。中国的道观，其建筑的格式最初大都由印度输入，后来便渐渐地变成了中国式。回教的建筑物，在世界美术上是很有名的。我们看了这些庄严灿烂的建筑物，就可以明了这些建筑物的意义，就是人在地上不够生活，要跳上天去，而这天堂就是要建立在地上的。再说到这些建筑物的内部也是很壮丽的，我们只要到教堂里面去观察，就可以看出里面的光线和那些神龛都显出神秘的样子，而且教堂里面一定有许多雕刻，这些雕刻都起源于基督教。现在有许多油画和图像都取材自基督教，唐朝的图像也都是佛。此外在音乐方面，宗教的音乐，例如宗教上的赞美歌和歌舞，其价值是永远存在的，现在会演说的人有许多是宗教家。宗教和文学也有很密切的关系，因为两者都是感情的产物。凡此种种，其目的无非在引起人们的美感，这是宗教的一种很重要的作用。因为宗教注意教人，要人对于一切不满意的事能找到安慰，使一切辛苦和不舒服能统统去掉。但是用什么方法呢？宗教不能用很严正的话或很具体的话去劝慰人，它只能利用音乐和其他一切的美术，使人们被引到别一方面去，到另外一个世界上去，而把具体世界忘掉。这样，一切困苦便可所暂时去掉，这是宗教最大的作用。所以宗教必有抽象的上帝，或是先知，或是阿弥陀佛。这是说到宗教和美育的关系。

以前都是以宗教代教育，除了宗教外没有另外的教育，就是到了欧洲的中古时代也还是这样。教育完全在教堂里面，从前日本的教育都由和尚担任了去，也只有宗教上的人有那热心和余暇去从事于教育的事业。但现在可不同了，现在有许多的事我们都知道。譬如一张桌子，有脚，其原料是木头，灯有光，等等。这些事情只有科学和工艺书能告诉我们，动物学和植物学也告诉了我们许多关于自然的现象。此外如地球如何发生，太阳是怎么样，星宿是怎么样，也有地质学和天文学可以告诉我们，而且解释得很详细，比宗教更详细。甚而至于人死后身体怎样的变化，灵魂怎样，也有幽灵学可以告诉我们。还有精神上的动作、下意识的状态等等，则有心理学可以告诉我们。所以单是科学已尽够解释一切事物的现象，用不着去请教宗教。这样，宗教和智育便没有什么关系。现在宗教对于智育不但没有什么帮助，而且反有障碍，譬如像现在的美国，思想总算很能自由，但在大学里还不许教进化论，到现在宗教还保守着"上帝七天造人"之说，而不信科学。这样说来，宗教不是反有害吗？

讲到德育，道德不过是一种行为。行为也要用科学的方法去研究的，先要考察地方的情形和环境，然后才可以定一种道德的标准，否则便不适用。例如在某地方把某种行为视为天经地义，但换一个地方便成为大逆不道，所以从历史上看来，道德有的时候很是野蛮。宗教上的道德标准至少是千余年以前的圣贤所定，对于现在的社会当然是已经不甚适用。譬如《圣经》上说有人打你的右颊，你把左颊也让他打，有人剥你的外衣，你把里衣也脱了给他。这几句话意思固然很好，但能否做得到，是否可以这样做，也还是一个问题，但相信宗教的人却要绝对服从这些教义。还有宗教常把男女当作两样东西看待，这也是不对的，所以道德标准不能以宗教为依归。这样说来，现在宗教对于德育也是不但没有益处，而且反有害处的。

至于体育，宗教注重跪拜和静坐，无非教人不要懒惰，也不要太劳。有许多人进杭州天竺烧香，并不一定是相信佛，不过是趁这机会看看山水罢了。

现在各项运动，如赛跑、玩球、摇船，等等，都有科学的研究，务使身体上无论那一部分都能平均发达。遇着山水好的地方，便到那个地方去旅行。此外又有疗养院的设施，使人有可以静养的处所。人疲劳了应该休息，换找新鲜空气，这已成为老生常谈。所以就体育而言，也用不着宗教。

这样，在宗教的仪式中，就丢掉了智、德、体三育，剩下来的只有美育，成为宗教的唯一元素。各种宗教的建筑物，如庵观寺院，都造得很好，就是反对宗教的人也不会说教堂不是美术品。宗教上的各种美术品，直到现在，其价值还是未动，还是能够站得住。无论信仰宗教或反对宗教的人，对于宗教上的美育都不反对，所以关于美育一部分宗教还能保留，但是因为有了美育，宗教可不可以代美育呢？我个人以为不可，因为宗教上的美育材料有限制，而美育无限制，美育应该绝对的自由，以调养人的感情。吴道子的画没有人说他坏，因为每一个人都有他自己所欣赏的美术。宗教常常不许人怎样怎样，一提起信仰，美育就有限制，美育要完全独立，才可以保有它的地位，在宗教专制之下，审美总不很自由。所以用宗教来代美育是不可的。还有，美育是整个的，一时代有一时代的美育。油画以前是没有的，现在才有，照相也是如此，唱戏也经过了许多时期，无论音乐、工艺美术品都是时时进步的，但宗教却绝对的保守。譬如一部《圣经》，哪一个人敢修改？这和进化刚刚相反。美育是普及的，而宗教则都有界限。佛教和道教互相争斗，基督教和回教到现在还不能调和，印度教和回教也极不相容，甚至基督教中间也有新教、旧教、天主教、耶稣教之分，界限大，利害也就很清楚。美育不要有界限，要能独立，要很自由，所以宗教可以去掉。宗教说好人死后不吃亏，但现在科学发达，人家都不相信。宗教又说，人死后有灵魂，做好人可以受福，否则要在地狱里受灾难，但究竟如何，还没有人拿出实在证据来。

总之，宗教可以没有，美术可以辅宗教之不足，并且只有长处而没有短处，这是我个人的见解。这问题很是重要。这个题目是陈先生定的，不是我自己定的，我到现在还在研究中，希望将来有具体的计划出来，我现在不过把已想到的大概情形向诸位说说。

(刊于1932年《近代名人言论集》)

孔子之精神生活

精神生活，是与物质生活对待的名词。孔子尚中庸，并没有绝对地排斥物质生活，如墨子以自苦为极，如佛教的一切唯心造，例如《论语》所记"失饪不食，不时不食""狐貉之厚以居"，谓"卫公子荆善居室""从大夫之后，不可以徒行"，对于衣食住行，大抵持一种素富贵行乎富贵、素贫贱行乎贫贱的态度。但使物质生活与精神生活在不可兼得的时候，孔子一定偏重精神方面。例如孔子说："饭疏食，饮水，曲肱而枕之，乐亦在其中矣；不义而富且贵，于我如浮云。"可见他的精神生活，是决不为物质生活所摇动的。今请把他的精神生活分三方面来观察。

第一，在智的方面。孔子是一个爱智的人，尝说："盖有不知而作之者，我无是也；多闻，择其善者而从之，多见而识之。"又说，"多闻阙疑""多见阙殆"，又说，"知之为知之，不知为不知，是知也。"可以见他的爱智，是毫不含糊，决非强不知为知的。他教子弟通礼、乐、射、御、书、数的六艺，又为分设德行、言语、政事、文学四科，彼劝人学诗，在心理上指出"兴""观""群""怨"，在伦理上指出"事父""事君"，在生物上指出"多识于鸟兽草木之名"。（他如《国语》说：孔子识肃慎氏之石砮，防风氏骨节，是考古学；《家语》说：孔子知萍实，知商羊，是生物学；但都不甚可信）可以见知力范围的广大，至于知力的最高点，是道，就是最后的目的，所以说："朝闻道，夕死可矣。"这是何等的高尚！

第二，在仁的方面。从亲爱起点，"泛爱众，而亲仁"，便是仁的出发点，他的进行的方法用恕字，消极的是"己所不欲，勿施于人"；积极的是"己欲立而立人，己欲达而达人"。他的普遍的要求，是"君子无终食之间违仁，造次必于是，颠沛必于是"。他的最高点，是"伯夷、叔齐，古之贤人也，求仁而得仁，又何怨""志士仁人，无求生以害仁，有杀身以成仁"。这是何等伟大！

第三，在勇的方面。消极的以见义不为为无勇，积极的以童汪踦能执干戈卫社稷可无殇。但孔子对于勇，却不同仁、智的无限推进，而时加以节制。例如说："小不忍则乱大谋"；"一朝之忿，忘其身以及其亲，非惑欤？""好勇不好学，其蔽也乱"；"君子有勇而无义为乱，小人有勇而无义为盗"；"暴虎冯河，死而无悔者，吾不与焉，必也临事而惧，好谋而成者也。"这又是何等的谨慎！

孔子的精神生活，除上列三方面观察外，尚有两特点：一是毫无宗教的迷信，二是利用美术的陶养。孔子也言天，也言命，照孟子的解释，莫之为而为是天，莫之致而至是命，等于数学上的未知数，毫无宗教的气味。凡宗教不是多神，便是一神。孔子不语神，敬鬼神而远之，说："未能事人，焉能事鬼？"完全置鬼神于存而不论之列。凡宗教总有一种死后的世界，孔子说："未知生，焉知死？""之死而致死之，不仁而不可为也；之死而致生之，不知而不可为也"；毫不能用天堂地狱等说来附会他。凡宗教总有一种祈祷的效验，孔子说"丘之祷久矣""获罪于天，无所祷也"，毫不觉得祈祷的必要。所以孔子的精神上，毫无宗教的分子。

孔子的时代，建筑、雕刻、图画等美术，虽然有一点萌芽，还算是实用与装饰的工具，而不认为独立的美术；那时候认为纯粹美术的是音乐。孔子以乐为"六艺"之一，在齐闻韶，三月不知肉味。谓

"韶尽美矣,又尽善也。"对于音乐的美感,是后人所不及的。

孔子所处的环境与两千年后的今日,很有差别。我们不能说孔子的语言到今日还是句句有价值,也不敢说孔子的行为到今日还是样样可以做模范,但是抽象地提出他精神生活的概略,以智、仁、勇为范围,无宗教的迷信而有音乐的陶养,这是完全可以为师法的。

(刊于1936年《江苏教育》月刊)

在香港圣约翰大礼堂美术展览会演说词

今日承保卫中国大同盟及香港国防医药筹赈会之招,得参与此最有意义的展览会,不胜荣幸。

当此全民抗战期间,有些人以为无赏鉴美术之余地,而鄙人则以为美术乃抗战时期之必需品。

抗战时期所最需要的,是人人有宁静的头脑,又有强毅的意志。"羽扇纶巾""轻裘缓带""胜亦不骄,败亦不馁",是何等宁静?"衽金革,死而不厌""鞠躬尽瘁,死而后已",是何等强毅?这种宁静而强毅的精神,不但前方冲锋陷阵的将士,不可不有;就是在后方供给军需、救护伤兵、拯济难民及其他从事于不能停顿之学术或事业者,亦不可不有。有了这种精神,始能免于疏忽、错乱、散漫等过失,始在全民抗战中担得起一份任务。

为养成这种宁静而强毅的精神,固然有特殊的机关,从事训练;而鄙人以为推广美育,也是养成这种精神之一法。美感本有两种:一为优雅之美,一为崇高之美。优雅之美,从容恬淡,超利害之计较,泯人我的界限。例如游名胜者,初不作伐木制器之想；赏音乐者，恒以与众同乐为快。而这样的超越而普遍的心境涵养惯了，还有什么卑劣的诱惑可以扰乱他么？崇高之美，又可分为伟大与坚强之二类。存想恒星世界，比较地质年代，不能不惊小己的微渺；描写火山爆发，记述洪水横流，不能不叹人力的脆薄。但一经美感的诱导，不知不觉，神游于对象之中，于是乎对象的伟大，就是我的伟大；对象的坚强，就是我的坚强。在这种心境上锻炼惯了，还有什么世间的威武，可以胁迫他么？

且全民抗战之期，最要紧的，就是能互相爱护，互相扶助。而此等行为，全以同情为基本，同情的扩大与持久，可以美感上"感情移入"的作用助成之。例如画山水于壁上，可以卧游；观悲剧而感动，不觉流涕，这是感情移入的状况。儒家有设身处地之恕道，佛氏有现身说法之方便，这是同情的极轨。于美术上时有感情移入的经过，于伦理上自然增进同情的能力。

又今日所陈列的，都是木刻画（Graphic Art），纯以黑与白相间，而不用色彩，没有刺激性，而印象特为深刻。这也是这一次展览会的特色。

（刊于1938年《大众》画报）

假如我的年纪回到二十岁

我是将近七十岁的人了！回想二十岁的时候，还是为旧式的考据与词章所拘束，虽也从古人的格言与名作上得到点修养的资料，都是不深切的。我到三十余岁，始留意欧洲文化，始习德语。到四十岁，始专治美学。五十余岁始兼治民族学，习一点法语。但我总觉得我所习的外国语太少、太浅，不能畅读各国的文学原书；自然科学的根柢太浅，于所治美学及民族学亦易生阻力；对于音乐及绘画等，亦无暇练习，不能以美术上的实验来助理论的评判；实为一生遗憾。所以我若能回到二十岁，我一定要多学几种外国语，自英语、意大利语而外，希腊文与梵文，也要学的；要补习自然科学；而后专治我所心爱的美学及世界美术史。这些话似乎偏于求学而略于修养，但我个人的自省，觉得真心求学的时候，已经把修养包括进去。有人说读了进化论，会引起勇于私斗、敢于作恶的意识，但我记得：我自了解进化公例后，反更懔懔于"勿以善小而不为，勿以恶小而为之"的条件。至于文学、美术的修养，在所治的外国语与美术史上,已很足供给了。

(刊于1935年4月《大众》画报第十八期,是为"假如我的年纪回到二十岁"专栏所撰,参加这个专栏讨论的还有孙伏园等人)

附

录

北大画法研究会旨趣书

科学、美术,同为新教育之要纲,而大学设科,偏重学理,势不能编入具体之技术,以侵专门美术学校之范围。然使性之所近,而无实际练习之机会,则甚违提倡美育之本意。于是由教员与学生各以所嗜特别组织之,为文学会、音乐会、书法研究会等,既次第成立矣。而画法研究会,因亦继是而发起。既承本校教员李毅士、钱稻孙、贝季美、冯汉叔诸先生之赞同,复承校外名家陈师曾、贺履之、汤定之、徐悲鸿诸先生之指导,会议数次,遂成立简章如左。

所欲请诸会员注意者,画有雅俗之别,所谓雅者,谓志趣高尚,胸襟潇洒,则落笔自殊凡俗,非谓不循规矩,随意涂抹,即足以标异于庸俗也。本会画法,虽课余之作,不能以专门美术学校之成例相绳。然既有志研究,且承专门导师之督率,不可不以研究科学之精神贯注之。庶数年以后,成绩斐然,不负今日组织斯会之本意,与诸导师热心提倡之盛意焉。

七年四月十五日　蔡元培

(刊于1918年《北京大学日刊》)

国立美术学校成立及开学式演说词

美术本包有文学、音乐、建筑、雕刻、图画等科。唯文学一科,通例属文科大学,音乐则各国多立专校,故美术学校,恒以关系视觉之美术为范围。关系视觉之美术,虽尚有建筑、雕刻等科,然建筑之起,本资实用;雕刻之始,用供祈祷。其起于纯粹之美感者,厥为图画。以美学不甚发达之中国,建筑、雕刻,均不进化;而图画独能发展,即以此故。图画之中,图案先起,而绘画继之。图案之中,又先有几何形体,次有动物,次有植物,其后遂发展而为绘画,合于文明史由符号而模型、而习惯、而各性、而我性之五阶级。唯绘画发达以后,图案仍与为平行之发展。故兹校因经费不敷之故,而先设二科,所设者为绘画及图案,甚合也。唯中国图画,与书法为缘,故善画者常善书,而画家尤注意于笔力风韵之属。西洋图画与雕刻为缘,故善画者亦或善雕刻,而画家尤注意于体积光影之别。甚望兹校于经费扩张时,增设书法专科,以助中国图画之发展,并增设雕刻专科,以助西洋图画之发展也。

(刊于1918年《北京大学日刊》)

北大画法研究会休业式演说词

画法研究会成立甫及四个月,居然有若许成绩,实为欣幸。此会较诸他会显有精神。本会既有如此之进步,皆系各位导师指引之力,各会员皆能向学有以致之。对于画法研究会之将来,鄙人深抱无穷之希望。盖研究画法,当以多见名画为宜,而我国人之特性,凡大画家及收藏家家藏古画,往往不肯轻以示人,以为一经宣布,即失其价格,已遂不得独擅其美。此种习俗,于研究画法上甚有阻碍,将来总须竭力设法向各处收藏家商借古画、逸品,来此陈列,以供会员展览,俾广眼界。

其次,本会在暑假中闭会,原非得已。假期中研究画法,最为适宜。现在本校在西山租赁房屋,以为同学避暑之所。西山风景清旷、山水峻秀,研究画法,更有特别兴趣。然赴西山图画部报名,仅有六人。今导师徐悲鸿先生亦决定赴西山避暑,在彼从事研究画法,诸会员盍借此机会,同赴西山,又有导师就近指授,互相砥砺,受益匪浅。

其三,暑假后若移往新建之楼房,内必有宽阔之房间,可容多数悬挂品。并欲延请导师,担任讲演中国美术史,以辅助画法之研究。今本会蒙各位导师热心指导,诸会员于会毕时,当行一鞠躬,以谢导师。

(刊于1918年《北京大学日刊》)

在北大画法研究会演说词

今日为画法研究会第二次始业式,人数视前增加,是极好的现象。此后对于习画,余有二种希望,即多作实物的写生,及持之以恒二者足也。

中国画与西洋画,其入手方法不同。中国画始自临摹,外国画始自实写。《芥子园画谱》,逐步分析,乃示人以临摹之阶。此其故,与文学、哲学、道德有同样之关系。吾国人重文学,文学起初之造句,必倚傍前人,入后方可变化,不必拘拟。吾国人重哲学,哲学亦因历史之关系,其初以前贤之思想为思想,往往为其成见所囿,日后渐次发展,始于已有之思想,加入特别感触,方成新思想。吾国人重道德,而道德自模范人物入手。三者如是,美术上遂亦不能独异。西洋则自然科学昌明,培根曰:人不必读有字书,当读自然书。希腊哲学家言物类原始，皆托于自然科学。亚里斯多德随亚力山大王东征，即留心博物学。德国著名文学家鞠台喜研究动植物，发见植物千变万殊，皆从叶发生。西人之重视自然科学如此，故美术亦从描写实物入手。今世为东西文化融和时代，西洋之所长，吾国自当采用。抑有人谓西洋昔时已采用中国画法者，意大利文学复古时代，人物画后加以山水，识者谓之中国派。即法国路易十世时，有罗科科派，金碧辉煌，说者谓参用我国画法，又法国画家有摩耐者，其名画写白黑二人，唯取二色映带，他画亦多此类，近于吾国画派。彼西方美术家，能采用我人之长，我人独不能采用西人之长乎？故甚望中国画者，亦须采西洋画布景写实之佳，描写石膏物像及田野风景，今后诸君均宜注意。此予之希望者一也。

又昔人学画，非文人名士任意涂写，即工匠技师刻画模仿。今吾辈学画，当用研究科学之方法贯注之。除去名士派毫不经心之习，革除工匠派拘守成见之讥，用科学方法以入美术。美虽由于天才，术则必资练习。故入会后当认定主义，誓以终身不舍。兴到即来，时过情迁，皆当痛戒。诸君持之以恒，始不负自己入斯会之本意。此予之希望者二也。

除此以外,余欲报告者三事:(一)花卉画导师陈师曾先生辞职,本会今后拟别请导师,俟决定后再行发表;(二)画会会所急求扩充,俟觅得相当地点,再行迁徙,与各会联络一起;(三)上学年所拟向收藏家借画办法,本年拟实行,拟请冯汉叔先生筹之。

(刊于1918年《北京大学日刊》)

在北大音乐研究会演说词

今日为吾校音乐研究会开同乐会之日,溯自五月间,在青年会开会后,迄今已半载矣。中更停顿,无限感慨。音乐为美术之一种,与文化演进,有密切之关系。世界各国,为增进文化计,无不以科学与美术并重。吾国提倡科学,现已开始,美术则尚未也。欧洲各国,除有音乐专门学校以培植专门人才外,若音乐会,则时时有之。即小村落中,于星期日,亦在公园或咖啡馆内奏乐,若柏林、巴黎等大都会,更无论矣。吾国音乐,在秦以前颇为发达,此后反似退化。好音乐者,类皆个人为自娱起见,聊循旧谱,依式演奏而已。西洋音乐家,则往往有根据学理自制新谱者。盖创造之才,非独科学界所需要,美术界亦如是也。吾国今日尚无音乐学校,即吾校尚未能设正式之音乐科。然赖有学生之自动与导师之提倡，得以有此音乐研究会，未始非发展音乐之基础。所望在会诸君，知音乐为一种助进文化之利器，共同研究至高尚之乐理，而养成创造新谱之人材，采西乐之特长，以补中乐之缺点，而使之以时进步，庶不负建设此会之初意也。

(刊于1919年《北京大学日刊》)

为北大乐理研究会所拟章程

一、本会定为北京大学乐理研究会。

二、本会宗旨在敦重乐教,提倡美育。

三、本会研究之事项如下:

(甲)音乐学;

(乙)音乐史;

(丙)乐器;

(丁)戏曲;

以上各部复得析为若干种类。

本会方值创造,未能完备,暂以教师之便,设琴、瑟、琵琶、笛、昆曲五类。

四、本会隶属于北京大学,校内外人均得(应是"可")入会。会中细则另章规定之。

五、本校学生入会者,每人每年每类收费六元。校外入会者,每人每年每类收费二十四元。唯各校学生得各校校长介绍者，免交半数（十二元），交费，或并交，或依学期交，均听便。本校毕业学生已经出校者，每人每年每类收费十二元。

六、入会者填写履历交由本会，请校长核准后始为会员。其半途出会者亦须请校长核准。

七、本会暑假、年假概不间断。

（《北京大学日刊》1919年6月6日刊登《音乐研究会紧急启示》，云："启者顷奉，校长函示：现为本会聘定王心葵先生教授琴、瑟等古乐，拟自六日起另觅会所，大加扩张，并代拟会章一纸饬，开临时大会详加讨论云云。兹定于六日［即星期四］下午四时半在文科第四教室特开临时大会，凡我同人务望拨冗。"）

《音乐杂志》发刊词

吾国言乐理者,以《乐记》为最古,亦最精。自是以后,音乐家辈出,曲词音谱,递演递进,并不为古代单简之格调所制限。而辨音原理之论,转涉肤浅。学者知其然而不知其所以然,进步之迟,良有由也。

自欧化东渐,彼方音乐学校之组织,与各种研求乐理之著述,接触于吾人之耳目。于是知技术之精进,因赖天才,而学理之研求,仍资科学。求声音之性质及秩序与夫乐器之比较,则关乎物理学者也。求吾人对于音乐之感情,则关乎生理学、心理学、美学者也。求音乐所及于人群之影响,则关乎社会学与文化史者也。合此种种之关系,而组成有系统之理论,以资音乐家之参考,此欧洲音乐之所以进化也。

吾国音乐家有鉴于此,一方面,输入西方之乐器、曲谱,以与吾固有之音乐相比较。一方面,参考西人关于音乐之理论,以印证于吾国之音乐,而考其违合。循此以往,不特可以促吾国音乐之改进,抑亦将有新发见之材料与理致,以供世界音乐之采取。此即我北京大学音乐研究会所以建设之大原因也。

会中诸导师,均于技术及理论深造有得,而不敢自满,欲以所见,与全国音乐家互相切磋,以达本会之希望。于是有《音乐杂志》之发起。倘海内音乐家,皆肯表同情于此种机关之创设,而借以发布其各别之意见,使吾国久久沉寂之音乐界,一新壁垒,以参加于世界著作之林,则诚发起人之所馨香而祷祝者矣。

(刊于 1920 年《音乐杂志》)

图书在版编目（CIP）数据

美育与人生 / 蔡元培著. — 杭州：浙江人民美术出版社，2024.1
（湖山艺丛）
ISBN 978-7-5751-0027-4

Ⅰ.①美… Ⅱ.①蔡… Ⅲ.①美学-文集 Ⅳ.①B83-53

中国国家版本馆CIP数据核字(2023)第236690号

策划编辑：郭哲渊
责任编辑：徐寒冰
责任校对：段伟文
责任印制：陈柏荣

湖山艺丛

美育与人生

蔡元培　著

出版发行：浙江人民美术出版社
　　　　　（杭州市体育场路347号）
经　销：全国各地新华书店
制　版：杭州真凯文化艺术有限公司
印　刷：杭州佳园彩色印刷有限公司
版　次：2024年1月第1版
印　次：2024年1月第1次印刷
开　本：787mm×1092mm　1/32
印　张：4
字　数：100千字
书　号：ISBN 978-7-5751-0027-4
定　价：25.00元

如发现印装质量问题，影响阅读，请与出版社营销部联系调换。

湖山艺丛

黄宾虹画语录　黄宾虹 著　王伯敏 编

画法要旨　黄宾虹 著

＊美育与人生　蔡元培 著

趣味主义　梁启超 著

中国画之价值　陈师曾 著　高昕丹 编

画苑新语　郑午昌 著

听天阁画谈随笔　潘天寿 著

中国传统绘画的风格　潘天寿 著

画微随感录　吴茀之 著

中国画理概论　吴茀之 著

近三百年的书学　沙孟海 著

为什么研究中国建筑　梁思成 著

师道：吴大羽致吴冠中、朱德群、赵无极书信集　吴大羽 著

大羽随笔　吴大羽 著　李大钧 编

中国建筑的几个特征　林徽因 著

中国画的特点　傅抱石 著

山水画的写生与创作　傅抱石 著　伍霖生 记录整理

生活　传统　修养　李可染 著

非翁画语录　陆抑非 著

什么叫做古典的？　傅雷 著

观画答客问　傅雷 著　寒碧 编

山水画刍议　陆俨少 著

论书随笔　启功 著

学习书法的十三个问题　启功 著

中国山水画简史　王伯敏 著

中国山水画的特点　王伯敏 著

黄宾虹的山水画　王伯敏 著

篆刻的形式美　刘江 著

文化与书法　欧阳中石 著　欧阳启名 编

笔墨之道　童中焘 著

中国画与中国文化　童中焘 著

书法的形式与创作　胡抗美 著

望境　许江 著

先生　许江 著

架上话　许江 著

书法"新时代"和新思维　陈振濂 著